Nachhaltiger Tourismus. Lässt sich Massentourismus verantwortungsbewusster gestalten?

Betrachtung unter den Aspekten des ganzheitlichen Tourismusmodell

Julia Hilfenhaus

Bibliografische Information der Deutschen Nationalbibliothek:

Die Deutsche Nationalbibliothek verzeichnet diese Publikation in der Deutschen Nationalbibliografie; detaillierte bibliografische Daten sind im Internet über http://dnb.d-nb.de abrufbar.

ISBN: 9783346509178
Dieses Buch ist auch als E-Book erhältlich.

Druck und Bindung: Books on Demand GmbH, Norderstedt Germany
Gedruckt auf säurefreiem Papier aus verantwortungsvollen Quellen

Das Buch bei GRIN: https://www.grin.com/document/1127725

Inhaltsverzeichnis

Abbildungsverzeichnis

Tabellenverzeichnis

1. Einleitung

Zahlreiche aktuelle Medienbeiträge sprechen vom „Tourismus-Kollaps“, einer Art Zusammenbruch des bereisten Gebiets durch den Tourismus. Bilder, die uns in den Nachrichten immer wieder begegnen sind völlig überfüllte Strände, vermüllte Urlaubsstädte, große Kreuzfahrtschiffe im Canale Grande in Venedig. „Wir lieben die Welt und reisen sie doch in den Tod“ – so lautet die Überschrift eines Artikels, der am 2./3. Januar 2021 im Wochenmagazin der Nürnberger Nachrichten erschienen ist. Hierin schreibt Autorin Nicole Quint vor allem über den Egoismus vieler, dass auf Urlaub mit „all inclusive“ trotz Covid-19 und Klimawandel nicht verzichtet wird (Quint 2021). In Deutschland bringt der Klimawandel mit sich, dass „wir im Winter seltener Schal und Handschuhe tragen und die Krokusse früher blühen“ (Quint 2021: keine Zeilenangabe), jedoch erreichen uns immer mehr Nachrichten darüber, wie die steigende Erwärmung der Atmosphäre unser aller Leben verändern kann (Bsp. Vermehrte Waldbrände durch Dürreperioden oder sich ausdehnende Wüsten in Asien). Anstatt die Covid-19-Pandemie als einen Anreiz dafür zu nehmen umzudenken, strömen die Menschen bei der ersten Lockerung der Reisebeschränkung wieder an die Flughäfen und fliegen in den Urlaub. Die Zerstörung der Umwelt und damit die Zerstörung des Lebensraums für Tier- und Pflanzenarten ist ein wesentlicher Bestandteil des Massentourismus (Quint 2021). Als Beispiele werden die Produktion von Kunstschnee inklusive chemischer Zusätze und die abschmelzenden Gletscher durch die Erderwärmung genannt, beide Male beeinträchtigt das menschliche Handeln den Tourismus vor Ort (Quint 2021). Da die – durch die Tourismusindustrie selbst hervorgerufene – Krise sich immer weiter verschärft, aber bisher noch kaum zum Umdenken führt, setzt Autorin Nicole Quint (2021) den Skilehrer/die Skilehrerin auf die Liste der bedrohten Arten. Lange galt Tourismus als Quelle für mehr Einnahmen, Steuern und Jobs in der Region, doch vielerorts wird dies nicht mehr so gesehen. Aktuelle Debatten drehen sich um Belastungsgrenzen der Gebiete, um den sog. „Overtourism“. Um diese Thematik geht es auch in der folgenden Erörterung. Zuerst wird der Themenbereich Tourismus im Allgemeinen betrachtet, dann werden Massentourismus und nachhaltiger Tourismus in der Argumentation gegenübergestellt. Es wird diskutiert, ob und wie Massentourismus nachhaltiger gestaltet werden kann. Die Balearen, eine Inselgruppe im Mittelmeer, sind mit politischen Gesetzen und Agenden für nachhaltigen Massentourismus Vorreiter, hier werden einige davon benannt und erläutert. Abschließend richtet sich der Blick auf die Entwicklung der Tourismuswirtschaft durch die Covid-19-Pandemie, sowie Perspektiven zur Erholung der Branche.

2. Grundlagen des Tourismus

Tourismus ist ein komplexer Themenbereich mit vielen einzelnen und sehr unterschiedlichen Facetten. Beleuchtet werden in den folgenden Abschnitten einige Grundlagen des Tourismus sowie das ganzheitliche Tourismusmodell von Walter Freyer.

2.1 Wirtschaftlichkeit und Voraussetzungen des Tourismus

Im Jahr 2017 war der internationale Tourismus nach Angaben der World Tourism Organization (UN-WTO) und der World Trade Organization (WTO) mit 1,6 Trillionen USD die drittgrößte Exportkategorie weltweit nach den Kategorien Chemikalien und Öl (UNWTO 2019). Im Jahr 2018 erwirtschaftete die Tourismusbranche weltweit 1,7 Trillionen USD Einnahmen aus insgesamt 1,4 Billionen internationalen touristischen Ankünften (UNWTO 2019).

Blickt man auf die touristischen Ankünfte weltweit, wird schnell eine ungleiche Verteilung deutlich. Mit über 51% der internationalen Touristenankünfte im Jahr 2018 ist Europa das beliebteste Reiseziel, gefolgt von Asien und Pazifik mit 25% und Amerika mit 15% (Kagermeier 2020). Afrika und der Mittlere Osten sind im globalen Kontext nur schwach vertreten. Betrachtet man die internationalen Ankünfte innerhalb Europas, bildet das Mittelmeer den größten Anteil (Kagermeier 2020). Besonders Inseln wie Mallorca werden von den Deutschen zynisch als „17. Bundesland" (Kagermeier 2020: 281) bezeichnet.

Tourismus ist in besonderem Maße auf ein funktionierendes ökologisches und soziales Umfeld angewiesen. Touristische Ressourcen können nur in bedingtem Maße exportiert werden und daraus ergibt sich zwingend der Konsum direkt vor Ort. Für die Reise an sich gibt es unterschiedliche Beweggründe, einige davon sind: Landschaft und Natur, Klima, Gewässer, traditionelle oder „exotische" Kulturen und/oder architektonische Sehenswürdigkeiten (Freyer 2011). Aufgrund einem oder mehrerer dieser Gründe wählen Reisende ihr Ziel aus und somit ergibt sich eine gewisse Vulnerabilität der Tourismusregion, die sich aus drei Faktoren zusammensetzt (*Abbildung 1*) (Rein, Stardas 2017):

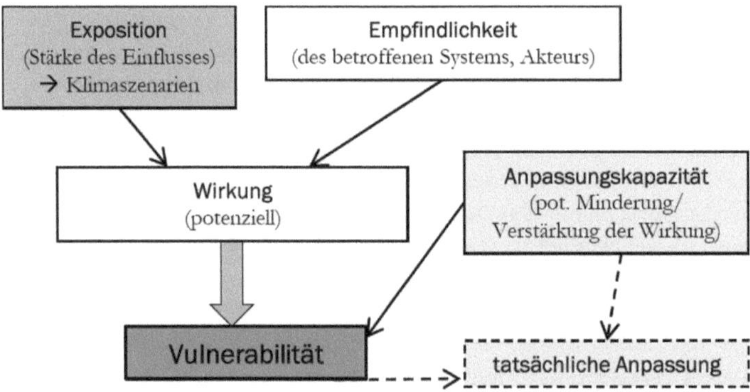

Abbildung 1: Bestimmungsfaktoren der Vulnerabilität gegenüber dem Klimawandel (Rein, Stardas 2017: 65)

Im Folgenden werden die einzelnen Faktoren des Modells unter dem Einfluss des Klimawandels erklärt:

- **Exposition**: Die Exposition beschreibt in diesem Zusammenhang die Intensität, mit der die Veränderungen des Kimawandels das System beeinträchtigen. Bezüglich des Klimawandels geht es hier vor allem um die Parameter Temperaturveränderung, Niederschlagsmenge und deren Folgen.
- **Empfindlichkeit**: Die Empfindlichkeit oder Sensitivität sagt aus, wie sensibel ein betroffenes Systems gegenüber den Auswirkungen des Klimawandels ist bzw. sein kann.
- **Anpassungsfähigkeit**: Die Anpassung an – durch den Klimawandel hervorgerufenen – Veränderungen werden hiermit beschrieben. Länder des Globalen Süden haben hier häufig einen größeren Nachteil, da oft finanzielle Mittel fehlen.

Das Zusammenspiel dieser drei Faktoren determiniert die Wirkung des Klimawandels auf die Tourismusregion maßgeblich. Um die Nachteile so gering wie möglich zu halten braucht es meiner Meinung nach nachhaltigen Tourismus.

2.2 Das ganzheitliche Tourismusmodell von Walter Freyer

Die Annäherung an dieses Thema erfolgt durch das *„Ganzheitliche oder auch modulare Tourismusmodell"* von Walter Freyer (Freyer 2011). Hier wird der Überbegriff Tourismus in verschiedene Teilaspekte untergliedert, um die Komplexität des Themas überschaubarer zu machen. Wie in

zu sehen, bilden sechs große Module den äußeren Ring (Freyer 2011):

- **Ökonomie**: Es geht sowohl um das „wirtschaftliche Niveau" (Kagermeier 2020: 15) der Nachfragerseite (z.B. Einkommen, Eigentum, Bereitschaft zu touristischen Ausgaben), als auch um das „Niveau der Angebotsqualität und die Möglichkeit zur Ausdifferenzierung des Angebots" (Kagermeier 2020: 15).
- **Politik**: Der Tourismus wird auch durch politische Institutionen und Träger gestaltet. Sie definieren durch nationale und internationale Bestimmungen den Reiseverkehr (Freyer 2011). Beispiele hierfür sind übergeordnete politische Ziele wie Frieden, ebenso wie eventuelle Reisebeschränkungen oder steuerliche Rahmenbedingungen (Kagermeier 2020).
- **Individuum**: Die Reise wird durch subjektive Aspekte, wie Persönlichkeitsmerkmale, Motive und Reisebedürfnissen, des reisenden Individuums geprägt (Freyer 2011). Auch auf der Angebotsseite spielen Kreativität, Risikobereitschaft oder die Einstellung gegenüber ökologischen Aspekten eine große Rolle (Kagermeier 2020).
- **Freizeit**: Das Freizeitverhalten des Individuums wird in weiten Teilen durch den Tourismus geprägt (Freyer 2011). Hier stehen vor allem der geographische Raum und die Bewegung der Individuen in diesem im Vordergrund, es geht um Einzugsbereiche, Destinationenmanagement und Raumnutzungskonflikte (Freyer 2011).
- **Ökologie**: Nachhaltigkeit nimmt für Teile der Gesellschaft eine immer wichtiger werdende Rolle ein, die sich auch im Tourismus widerspiegelt. In diesem Modul stehen Fragen der Umweltbelastung und -gestaltung sowie das Spannungsfeld des Umweltschutzes durch Nationalparks oder ähnlichem im Mittelpunkt (Freyer 2011). Diskutiert werden hier Themenbereiche wie z.B. die sog. Carring Capacity, die die Tragfähigkeit eines Gebiets gegenüber Touristen/Touristinnen beschreibt (Kagermeier 2020).
- **Gesellschaft**: Gesellschaftliche Werte und deren Wandel (aktuelle Trends oder Tendenzen) beeinflussen maßgeblich diesen Aspekt. Gerade die Zeit der Postmoderne unterliegt einem maßgeblichen Wertewandel. Drei aktuelle und relevante Größen sind u.a. die Gestaltung und der Stellenwert „freier" Zeit, der Schutz der Umwelt und der Erhaltung von (im-)materiellem kulturellem Erbe (Kagermeier 2020).

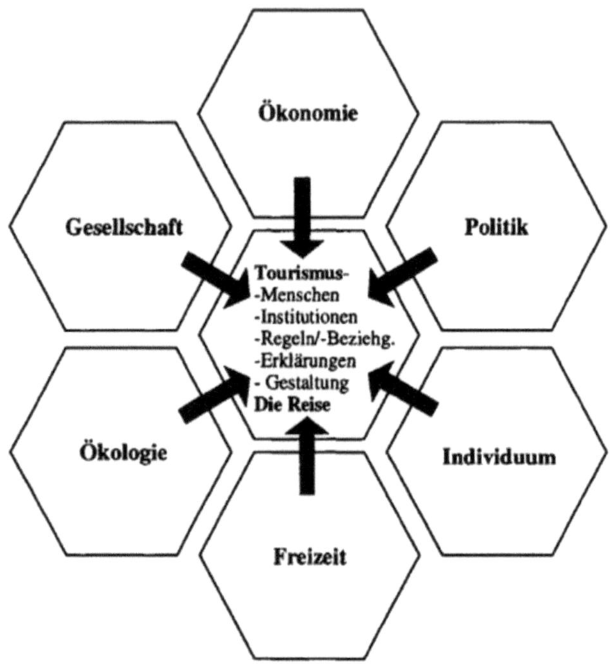

Abbildung 2: Das ganzheitliche oder modulare Tourismusmodell von Walter Freyer (Freyer 2011)

Den Mittelpunkt bildet die Reise als Endprodukt, sie steht unter dem Einfluss der äußeren Teilbereiche. Aus dem Tourismusmodell werden im Folgenden (Kapitel 3.2.1 bis 3.2.3) nun drei Aspekte isoliert betrachtet und diese unter dem Nachhaltigkeitsgedanken näher erläutert.

3. Tourismusarten

Es gibt vielfältige Tourismusarten und -formen. Walter Freyer unterscheidet in demographische Kriterien der Reisenden (Alter, Geschlecht, Wohnort, ...) und verhaltensorientierte Merkmale (Verkehrsmittel, Reisedauer, Reisepreis, Aktivitäten, ...) (Freyer 2011). Auch die wohl bekanntesten Bezeichnungen wie Ferntourismus, In- und Auslandstourismus und Massentourismus sind in dieser Aufstellung zu finden (Abbildung 3) (Freyer 2011).

Im Folgenden werden die Vor- und Nachteile des Massentourismus und das Konzept des nachhaltigen Tourismus erörtert.

1. Demographische Kriterien (Auswahl)	**Tourismusarten und -formen** (auch Reise- oder Touristenarten und -formen)
Alter	Kinder-, Jugend-, Seniorentourismus
Geschlecht	Frauenreisen, Männertouren
Familienstand, Haushaltsgröße	Single-, Familientourismus (mit/ohne Kinder), speziell: Hochzeitsreisen/-tourismus
Einkommen	Sozial-, Luxustourismus
Ausbildung	Arbeiter-, Studenten-, Akademiker-, Arbeitslosentourismus
Beruf	Beamten-, Politiker-, Diplomaten-, Hausfrauentourismus
Wohnort	Inländer-, Ausländertourismus; Nah-, Ferntourismus; Stadt-, Landbewohnertourismus
2. Verhaltensorientierte Merkmale (Auswahl)	*z.T. (nicht) sichtbar*
Verkehrsmittel	PKW-, Flug-, Bahn-, Bus-, Rad-Tourismus
Buchungsverhalten	Individual-, Teilpauschal-, Vollpauschaltourismus
Reiseziele	Inlands-, Auslands-, Fernreise-, See-, Mittelgebirgs-, Bergtourismus
Reisedauer	Ausflugs-, Kurzreise-, Wochenend-, Urlaubs-, Langzeittourismus
Reisepreis	Billig-, Luxus-, Exklusivtourismus, „Massentourismus" (durchschnittlicher Preis)
Reiseklasse (z.T. auch Preis)	First-Class-, Normal(tarif)-, Spar(tarif)tourismus
Reisezeit	Sommer-, Winter-; Hochsaison-, Nebensaisontourismus
Reisegepäck	Rucksack-, Aktentaschen-, Koffertourismus
Unterkunft	Camping-, Bauernhof-, Pensions-, Hoteltourismus
Zahl der Reisenden	Einzel-, Single-, Familien-, Club-, Gruppentourismus
Aktivitäten	Sport-, Erholungs-, Besichtigungs-, Geschäfts-, Fortbildungs-Tourismus
Anlass	Einladungs-, Besuchs-, Krankheitstourismus; Aussteiger-, Alternativ-Tourist
Motive	Erholungs-, Kur-, Gesundheits-, Kultur-, Bildungs-, Besuchsreisen-, Geschäfts-, Aktiv-, Politik-Tourismus

Abbildung 3: Tourismusformen (Freyer 2011)

3.1 Massentourismus

Massentourismus bedeutet einen in „großem Umfang betriebener Tourismus für breite Schichten der Bevölkerung“ (Bibliographisches Institut GmbH 2021). Hieraus entstehen Chancen und Risiken.

Massentourismus schafft viele Arbeitsplätze mit geringer Qualifikation im Hotelgewerbe, z.B. in der Hotelküche oder im Bereich Reinigung. Nachteilig wirken schlechte Bezahlung und die geringe soziale Absicherung der Beschäftigten. Zudem sind Anstellungen in der Tourismusbranche oft nur saisonal.

Durch vor Ort ausgegebenes Geld der Tourismusbranche und der Reisenden werden direkte oder induzierte regionalwirtschaftliche Effekte erschaffen, die sich allerdings nur entwickeln können, wenn die Sickerrate niedrig ist. Von Sickerrate spricht man, wenn die Einnahmen aus dem Tourismus zu einem Teil ins Ausland abfließen (Kagermeier 2020). Diese entsteht vor allem durch den Import ausländischer Konsumgüter, Dienstleistungen oder multinationalen Konzernen (Hotelketten). Wenn das investierte Geld in der Urlaubsregion bleibt, kann dies in einer zuvor unterentwickelten Region zu einer Diversifizierung der Wirtschaftsstrukturen führen (Kagermeier 2020). Diese entwickelt sich weg von dem wirtschaftlichen Primärsektor hin zum Sekundärsektor oder dem Tertiärsektor. Das große Problem bei Tourismus in Dritte Weltländern ist, dass diese Länder schlecht entwickelt sind und eine wenig differenzierte Wirtschaftsstruktur zeigen und damit die Sickerrate durch viele benötigte Importe sehr hoch ist (Kagermeier 2020).

Durch Massentourismus in einer Region verbessert sich die Infrastruktur durch Personen- und Güterverkehr maßgeblich. Davon können auch die Einheimischen profitieren. Es entstehen Straßen, Müll-/Abwassersysteme, Einkaufsmöglichkeiten und medizinische Versorgung. Vor allem in Länder des Globalen Südens kann dies aber auch zu sozialer Destabilisierung führen. Es können sich nicht alle Einheimischen die angebotenen Dienstleistungen und Güter leisten, wodurch sich Disparitäten in der betreffenden Region erhöhen.

Die ökologischen Auswirkungen des Tourismus auf die Region kann in drei Thematiken eingeteilt werden: den Bau und Betrieb von Anlagen und die Tourismusaktivitäten (Rein, Stardas 2017). Massentourismus konzentriert sich zudem häufig auf ökologisch empfindliche Gebiete wie Küsten, Gebirge oder Inseln. Hier ist die Biodiversität meist höher und somit die Schäden – verursacht durch falsche Abwasser-/Müllentsorgung und der allgemeinen Verschmutzung – gravierender. Oft kommt es in ariden Gebieten durch den Tourismus zu einer Verknappung von Süßwasser, dies wird vor allem durch Salzwasseraufbereitungsanlagen in Küstennähe kompensiert. Durch den ansteigenden Anteil des Ferntourismus werden immer mehr Treibhausgasemissionen freigesetzt, die zum globalen Klimawandel beitragen. Nach einer aktuellen Berechnung der Universität Sydney im Jahr 2018, beläuft sich dieser Anteil auf ca. 8 Prozent (Zeit Online 2018).

3.2 Nachhaltiger Tourismus

Nachhaltiger Tourismus richtet sich nach dem Grundprinzip der nachhaltigen Entwicklung und befasst sich damit im Wesentlichen mit den drei Aspekten Ökonomie, Soziologie und Ökologie, auch Triple Bottom Line genannt (Rein, Stardas 2017).

Für den nachhaltigen Tourismus gibt es zwei wichtige Akteure. Zum einen die Politik, die durch Gesetze und Vorschriften nachhaltigen Tourismus entschieden lenken und fördern kann womit diese eine externe Motivation darstellt. Zum anderen der Tourismusmarkt selbst, der durch Angebot und Nachfrage den Tourismus nachhaltig entwickeln kann. Die Angebotsseite, die als Bereisten oder Tourismusanbieter mit ihrer Tourismuswirtschaft für einen nachhaltigen Tourismus steht und entsprechende freiwillige Maßnahmen ergreift. Die Nachfragerseite kann, durch gezielte Nachfragen der Reisenden nach verantwortungsbewusstem Tourismus, die Angebotsseite des Tourismusmarktes verändern und eine innere Motivation besitzen, nachhaltiger Urlaub zu machen. In der folgenden Betrachtung werden beide Seiten zusammengefasst, da sich diese oft in den Ansätzen überschneiden.

3.2.1 Ökonomie

Ein möglicher Ansatzpunkt ist die „Nachhaltige Betriebswirtschaftslehre", die auf der Langfristigkeit der heutigen Entscheidungen beruht (Rein, Stardas 2017). Nachhaltige Betriebswirtschaftslehre wird von der United Nation World Commission on Environment and Development (UNWCED) wie folgt definiert: *„[ein] Unternehmen [muss] in der Lage sein [...] Entscheidungen zu treffen, die geeignet sind, die Bedürfnisse der heutigen Generation zu befriedigen, ohne die Möglichkeit zur Bedürfnisbefriedigung zukünftiger Generationen einzuschränken"* (UNWCED 1987). Die nachhaltige Betriebswirtschaftslehre beschäftigt sich mit verschiedenen Teilbereichen, wie Schonung natürlicher Ressourcen, engere Stakeholder-Beziehungen (Reisenden und Bereisten) und längerfristigen Entwicklungen (Rein, Stardas 2017). Transferiert auf die Tourismuswirtschaft kann das bedeuten, einen Beitrag zur

Regionalentwicklung zu leisten, indem regionale Produkte und Dienstleistungen eingekauft werden (Rein, Stardas 2017). Die Region erfährt vor allem im Globalen Süden oft einen Wandel von einer Agrar geprägten Wirtschaft hinzu einer solchen, die mehrere Wirtschaftssektoren bedient.

Auf dem Tourismusmarkt gibt es eine sehr hohe Angebotsvielfalt zwischen der sich die Reisenden entscheiden müssen. Hierbei gilt Qualitätsmanagement, bspw. im Bereich Unterkunft und Küchenqualität, als der Schlüssel dafür, höhere Preise durchzusetzen und sich gegenüber dem Billigtourismus hervorzuheben. Die Herausforderung hierbei ist vor allem der „hybride Konsument/die hybride Konsumentin", der/die individuellen und gesellschaftlichen Schwankungen unterliegt und der/die somit ein flexibles und vielfältiges Angebot von der Tourismusbranche verlangt (Kagermeier 2020).

Die Sustainability Balanced Scorecard (SBSC) ist ein Instrument des strategischen Managements, das als Erweiterung der Balanced Scorecard (BSC) entwickelt wurde (Rein, Stardas 2017). Die SBSC betrachtet genauso wie die BSC alle finanziellen und nicht-finanziellen Erfolgsfaktoren im Umsatzprozess und ist ebenfalls am Prinzip der Nutzenmaximierung für das Unternehmen orientiert. Allerdings bezieht die SBSC auch die Umwelt- und Sozialaspekte in die Unternehmensstrategie mit ein (Rein, Stardas 2017). Sowohl die BSC, als auch die SBSC müssen betriebsspezifisch an das jeweilige Unternehmen angepasst werden. Geprägt wird der Tourismussektor hierbei von u.a. Dienstleistungen, die nicht lagerfähig sind, die Produktion und der Konsum von Dienstleistungen erfolgen fast gleichzeitig (Restaurant) und der Kunde ist Teil des Wertschöpfungsprozesses (Rein, Stardas 2017). Im Leistungserstellungsprozess fallen fast zwangsweise ökologische Belastungen an. Tourismus ist hier vor allem in folgenden Umwelt-Problemfeldern vertreten: „Primärenergieverbrauch, Flächennutzung, Verlust an Biodiversität, Abfall, Wasserverbrauch und Lärmbelästigung" (Rein, Stardas 2017: 150).

3.2.2 Ökologie

Ökologische Nachhaltigkeit im Tourismus bezieht sich im Folgenden auf die Themenbereiche Verringern der Treibhausgase und Schutz der Biodiversität (Rein, Stardas 2017).

Der Tourismus trägt laut einer Studie der Universität in Sydney mit knapp 8 Prozent zu den energiebedingten CO_2-Emissionen bei (Zeit Online 2018). Innerhalb des Systems Tourismus sind die Emissionen allerdings sehr unterschiedlich verteilt. Im Jahr 2005 entfallen 75% auf den Verkehr, 40% davon auf den Flugverkehr und 32% auf Automobile (Kagermeier 2020). Hier kann durch die Wahl des Verkehrsmittels und der Wahl des Treibstoffs CO_2 eingespart werden. Im Bereich der Luftfahrt werden derzeit drei mögliche „Lösungen" diskutiert: Dekarbonisierung (Umstellung auf einen CO_2-neutralen Treibstoff), Power-to-Liquid (Erzeugung und Verwendung von synthetischem Kerosin durch erneuerbare Energien) und das Power-to-Gas-Verfahren (Wasserstoffantrieb) (Kagermeier 2020).

Für die Tourismusdestination spielt die Lage- und Verkehrsanbindung eine wichtige Rolle. Hier kann durch einen geeigneten Standort auf vermehrte Kühlung oder Heizung der Zimmer verzichtet werden und durch eine gute Anbindung an den öffentlichen Verkehr die Emissionen der An- und Abreise reduziert werden. Durch einen technologischen Klimaschutz, der Maßnahmen zu einer verbesserten Energieeffizienz wie Wärmedämmung oder den erhöhten Einsatz von erneuerbaren Energien beinhaltet, können Emissionen ebenfalls deutlich verringert werden (WKO 2015 et al). Die Wirtschaftskammer Österreich (WKO) hat zusammen mit dem Bundesministerium für Wissenschaft, Forschung und Wirtschaft Österreich (bmwfw) ein Bewertungssystem für Energieeffizienzmaßnahmen in Hotellerie und Gastronomie entwickelt in dem verschiedene Energiesparsysteme auf vier Merkmale untersucht und bewertet werde, Zeitaufwand (rot), Kostenaufwand (orange), Komplexität (gelb) und Nutzen (grün) (WKO 2015 et al.).

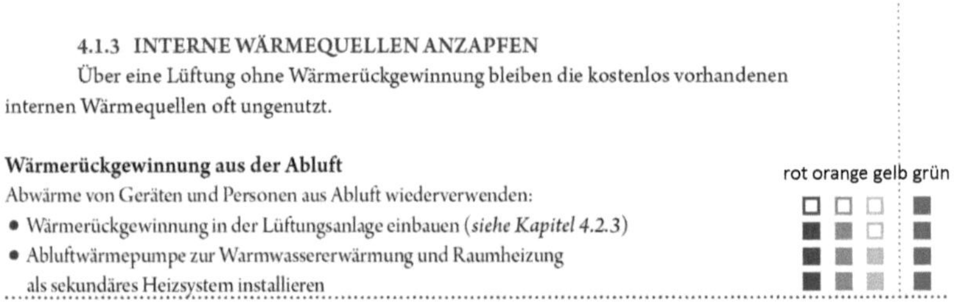

4.1.3 INTERNE WÄRMEQUELLEN ANZAPFEN

Über eine Lüftung ohne Wärmerückgewinnung bleiben die kostenlos vorhandenen internen Wärmequellen oft ungenutzt.

Wärmerückgewinnung aus der Abluft

Abwärme von Geräten und Personen aus Abluft wiederverwenden:

- Wärmerückgewinnung in der Lüftungsanlage einbauen (*siehe Kapitel 4.2.3*)
- Abluftwärmepumpe zur Warmwassererwärmung und Raumheizung als sekundäres Heizsystem installieren

rot orange gelb grün

Abbildung 4: Ausschnitt aus "Energiemanagement in der Hotellerie und Gastronomie" (WKO 2015)

Die Auslastung der touristischen Unterkunft ist ebenfalls nicht zu vernachlässigen. Bei einer höheren Auslastung senkt sich der Energieverbrauch pro Gästeübernachtung erheblich, bei wenigen Gästen ist der Energieaufwand pro Kopf deutlich höher. Hierbei kann ein Umweltmanagementsystem (UMS) helfen, um den Energieverbrauch zu messen und zu analysieren. Die Art und Ausstattung der Unterkunft spielt zudem eine wichtige Rolle, hierbei gilt in der Regel je höher die Kategorie der Unterkunft, desto höher der Energieverbrauch (WKO 2015 et al.). So haben bspw. Hotels mit Wellness-Einrichtungen einen höheren Energieverbrauch pro Gästeübernachtung als Pensionen. Da die innere Motivation nicht immer ausreicht, ist hier der Gesetzgeber gefordert durch den Einsatz von politischen Instrumenten einen umweltbewussteren Umgang zu fördern und fordern. In Österreich gibt es hierfür besondere Prämien, finanzielle Unterstützung und Auszeichnungen je nach Grad der umweltbewussten Ausgestaltung (WKO 2015 et al.).

Da sich der Tourismus, wie oben erwähnt, oft in Gebieten mit hoher Artenvielfalt ausbreitet, wird hier Lebensgrundlage für viele verschiedene Tier- und Pflanzenarten, bspw. durch den Bau und Betrieb von Tourismusanlagen oder durch die Tourismusaktivitäten selbst, zerstört (Rein, Stardas 2017: 112). Dadurch braucht es einen erhöhten Natur- und Biodiversitätsschutz in der jeweiligen Region. Hierfür gibt es mehrere Wege: Zum einen kann eine ökonomische Inwertsetzung erfolgen, dadurch dass der „Naturnutzung [...] ein finanzieller Gegenwert gegenübersteht" (Rein, Stardas 2017:113). Der/die Tourist/-in bezahlt dafür, um eine – unter Schutz gestellte – Natur erleben zu können. Hiermit erzeugt der Tourismus gleichzeitig eine Einkommensalternative für die Einheimischen und der Raubbau von natürlichen Ressourcen v.a. in Ländern des Globalen Südens als Einkommensquelle wird reduziert (Rein, Stardas 2017). Wenn die Situation besteht, dass die „unter Schutz gestellten natürlichen Ressourcen finanziell einen dauerhaft höheren Wert darstellen und gewinnbringender sind [,] als die Zerstörung von Ressourcen" setzt sich auch die einheimische Bevölkerung für den Erhalt der Natur ein (Rein, Stardas 2017: 114). Zum anderen bildet Tourismus eine Finanzierungshilfe für angelegte Naturschutzgebiete, die für den Erhalt der Biodiversität unumgänglich sind. Möglichkeiten zur Finanzierung von Schutzgebieten durch den Tourismus sind Erhebung von Gebühren, vertragliche Nutzungsvereinbarungen, Einkünfte aus kommerziellen Aktivitäten oder freiwillige Zuwendungen der Touristen/-innen (Rein, Stardas 2017). Hier muss allerdings kontrolliert werden, dass es sich nicht um sog. „paper parks" handelt und das Geld anderweitig investiert wird (Rein, Stardas 2017). „Paper parks" sind Naturschutzgebiete, die nur auf dem Papier existieren. In Deutschland werden den Gästeunterkünften durch Bundeswettbewerbe, Kampagnen oder bestimmten Zertifizierungen zum Thema Nachhaltigkeit und

Biodiversitätsschutz ein Anreiz und vermehrte Werbung geboten (Rein, Stardas 2017: 132). Wichtig ist hierbei den Urlaubsgästen nicht den Zugang zu etwas zu verwehren, dessen Besuch das Ziel bzw. ein wichtiger Bestandteil der Reise ist. Ein gutes Beispiel hierfür sind die Feuerberge in Lanzarote, auch Timanfaya Nationalpark genannt (eigene Erfahrungen 2019/2020). Hier wurde zum Schutz der einzigartigen Natur der Nationalpark bis auf einige wenige Ausnahmen für die Öffentlichkeit gesperrt. Angeboten werden lediglich geführte Bustouren mit Guide durch die Landschaften und der Besuch einiger Museen direkt an der Hauptstraße. Somit verhindert man, dass Reisende abseits der Wege die Flora und Fauna beeinträchtigen. Vorteile hierbei sind einfache Lenkung und Kontrolle der Touristen.

Der Erhalt der Ökosysteme wird durch bestimmte Maßnahmen wie eine geregelte Müll- und Abwasserentsorgung und Salzwasseraufbereitung maßgeblich unterstützt. Die Verknappung des Süßwassers ist vor allem in den ariden Küstengebieten der Länder des Globalen Südens ein großes ökologisches Problem, das auch sozialen Zündstoff birgt.

3.2.3 Soziologie

Soziale Nachhaltigkeit im Tourismus bezieht sich auf die „Steigerung der Lebensqualität und [die] Befriedigung materieller und immaterieller Bedürfnisse, sowohl für die Gesamtgesellschaft als auch für das Individuum" (Breidenbach 2002: 165). Im Tourismus werden immer wieder drei Personengruppen als Akteure genannt:

Tabelle 1: Interessen der drei Akteure im Tourismus (Reisender, Bereister und Touristiker) (Eigene Darstellung 2021)

	Beschreibung der Personengruppe	**Erwartungen**
Reisende	„Personen, die sich mindestens 24 Stunden außerhalb ihres Wohnorts aufhalten" (Freyer 2011: 70)	Service, Freundlichkeit, Sicherheit, gutes Preis-Leistungs-Verhältnis, Berücksichtigung individueller Bedürfnisse, Erlebnis
Bereiste	„der/die Einheimische im Zielgebiet" (Rein, Stardas 2017: 211f)	Finanzielle Einnahmen durch den Tourismus, Verbesserung der Lebensqualität, Respekt vor der eigenen Kultur, Privatsphäre, Partizipation bei Planung, keine Verdrängung durch den Tourismus
Touristiker/-in	Im Tourismus arbeitende Personen (Rein, Stardas 2017)	Zufriedenstellende Arbeit, faire Bezahlung, Existenzsicherung, Ausbildung und persönliche Weiterentwicklung

Ziel sozialer Nachhaltigkeit im Tourismus ist, dass sich die Interessen der einzelnen Personengruppen erfüllen und sie sich damit konfliktfrei begegnen können. Diese Erwartung bleibt meist jedoch unerfüllt, da der Tourismus einer zu rasanten Entwicklung unterliegt, um nachhaltig wachsen zu können (Rein, Stardas 2017). Es gibt allerdings einige grundlegende Ideen wie nachhaltiger Tourismus unter sozialen und gesellschaftlichen Aspekten funktionieren kann. Faire Arbeitsbedingungen bezüglich Gehalt, Absicherung bei Krankheit und faire Arbeitszeiten sind ein Grundstein (Rein, Stardas 2017). Dazu kommt die Wertschätzung der bereisten Kultur und der Respekt vor lokalen Werten und Sitten (Rein, Stardas 2017). Auch durch Bauplanung und Architektur der Hotel- oder Freizeitkomplexe kann sozialen Konflikten entgegengewirkt werden. Wichtig hierbei ist, dass Einheimische nicht von Grund und Boden vertrieben werden und ihnen ihre Existenzgrundlage durch steigende Mieten, Pachten und Bodenpreise nicht entzogen wird (Rein, Stardas 2017).

Als große Herausforderung in Bezug auf soziale Nachhaltigkeit kann die Akkulturation gesehen werden. *„Unter Akkulturation versteht man allgemein den Prozess der Übernahme von Elementen einer bis dahin fremden Kultur durch Einzelpersonen, Gruppen oder ganze Gesellschaften. Diese Übernahme betrifft Wissen und Werte, Normen und Institutionen, Fertigkeiten, Techniken und Gewohnheiten, Identifikationen und Überzeugungen, Handlungsbereitschaften und tatsächliches Verhalten, insbesondere, aber auch die Sprache."* (Kopp, Steinbach 2016). Dies geschieht vor allem, wenn die Kulturen der Länder des Globalen Nordens auf die der Länder des Globalen Südens treffen.

4. Nachhaltiger Massentourismus am Beispiel der Balearen

Der Begriff „nachhaltiger Massentourismus" scheint meiner Meinung nach zunächst widersprüchlich. Nachhaltigkeit kann nur gewährt werden, wenn es kleine Hotelbetriebe gibt, die Wert auf Regionalität und Naturschutz setzen. Dort wo es nur kleine Hotelbetriebe gibt, gibt es wenige Gäste und somit auch wenige Menschen, die bei Ausflügen der Natur schaden können. Zudem verbrauchen diese Gäste nur in Maßen die natürlichen Ressourcen, wie bspw. Wasser. Wirtschaftlich gesehen stellt sich somit kein übermäßiger Konsum in der Region her, was auch einer Inflation von Boden- und Nahrungspreisen entgegenwirkt. Am Massentourismus bereichern sich häufig einige wenige, der Rest der Einheimischen und die umliegende Natur werden oft ausgebeutet. Die Einnahmen bei nachhaltigem Tourismus fließen oft in mehrere Kassen, von Landwirtschaft Betreibenden, über Gastwirte/Gastwirtinnen hin zu lokalen Freizeitanbietern.

Für die Zukunft braucht es allerdings eine Lösung die sowohl Nachhaltigkeit als auch Massentourismus vereint, denn die Zahl der Touristen/Touristinnen nimmt weiter zu (Rein, Stardas 2017). Da Reisen laut einer Studie der Forschungsgemeinschaft Urlaub und Reise (*Tabelle 2)* am besten billig und nachhaltig sein soll, muss eine Lösung geschaffen werden, bei der durch politische Instrumente für Nachhaltigkeit – sowohl für die Nachfragenden als auch für Anbietende des Tourismus – gesorgt wird (FUV 2014).

Tabelle 2: Hürden des nachhaltigen Reiseverhaltens (Eigene Darstellung 2021; Datengrundlage FUV 2014)

Ich würde meine Urlaubsreise gerne nachhaltig gestalten, dabei wäre mir eine Hilfe, wenn:	
damit keine zusätzlichen Kosten verbunden wären	55%
meine Urlaubswünsche auch dann erfüllt werden	49%
ich mehr Informationen dazu bekäme	43%
es für Nachhaltigkeit ein klares Siegel gäbe	42%
auch die Mobilität vor Ort gesichert wäre	31%
die Suche nach Angeboten nicht so mühsam wäre	30%

es genau so etwas für meine Vorstellung des Reisens gäbe	21%

Die Balearen sind eine, im Mittelmeer gelegene, Inselgruppe. Sie umfassen fünf größere Inseln (Mallorca, Menorca, Ibiza, Formentera, Cabrera) und eine Reihe kleinerer, meist unbewohnter Inseln. Durch das dort herrschende Mittelmeerklima sind die Inseln ganzjährig bei Touristen/Touristinnen beliebt (Cantallops 2004). Aus dem Blickwinkel des ganzheitlichen Tourismusmodells von Walter Freyer, wird im folgenden Praxisbeispiel fast ausschließlich das Modul Politik beleuchtet.

Während der 1990er Jahre wurden verschiedene Gesetze verabschiedet, die dem Schutz der Urlaubsregionen auf den Balearen dienen sollten.

- *„Caldera Act" I* und *II* (frühe 1990er Jahre): Diese besagen, dass es pro Hotelbett eine grüne Ausgleichsfläche mit 30 m^2 (Caldera Act I) und 60 m^2 (Caldera Act II) geben muss. Diese Regeln haben nahezu keine Bedeutung mehr, da heutzutage größere Hotels fast immer eine große Grünanlage, Sportplätze oder Gärten/Parkanlagen besitzen.
- *POOT (Pla d'Ordenació de l'Oferta Turística)* (frühe 1990er Jahre): Hierbei geht es vor allem um die touristische Kapazität eines Gebiets. Die Agenda legt für jede Region eine bestimmte Anzahl an Touristen/Touristinnen und Übernachtungsmöglichkeiten fest und sollte somit ein unkontrolliertes, touristisches Wachstum einer Region vermeiden.
- *„Hotel Modernization Plan"* (Mitte der 1990er Jahre): Dieser Plan galt vor allem für ältere Hotels, die einen gewissen Modernisierungsstandard erfüllen müssen. Dies betraf sowohl den Servicebereich als auch das dafür benutze Equipment (Poolanlagen, Klimaanlagen, Kühlschränke, etc.). Somit schützten sich Urlaubsregionen vor dem Verfall und dem „Lower quality - lower price" – Teufelskreis.
- *„The Tourism Law"* (Ende der 1990er Jahre): Dieses Gesetz beinhaltet zwei wichtige Aspekte: Zum einen sollte es vor einer Überentwicklung schützen, indem für jedes neue Hotelbett in der Region ein Altes weichen musste. Zum anderen sollte es die Qualität erhöhen, denn die neu eröffneten Hotels mussten mindestens mit vier Sterne ausgezeichnet werden.

Kritisch betrachtet fördern diese Gesetze nur geringfügig die Nachhaltigkeitsbestrebungen im Tourismus. Die Politik versucht lediglich die Tourismusindustrie in einer guten, wettbewerbsfähigen Form zu erhalten und dem Zerfall entgegenzuwirken, wie das folgende Zitat von Prof. Dr. Cantallops, einem Professor der University of the Balearic Island zeigt:

"In that sense they can be termed as measures seeking 'tourism sustainability' for the islands, but they were exclusively focused on the industry supply side, on what we could call 'the build product offer': they tried to get the industry 'in a good shape'. Less attention was being paid to a key aspect component for the destination attractiveness: the environment." (Cantallops 2004: 6 f)

Aus diesem Grund wurde 2001 die *„Balearic tourist tax"*, auch *„Ecotax"* zum ersten Mal diskutiert und 2016 schließlich eingeführt (Bartels 2020). Die Steuer richtet sich nach der Art der Unterkunft, so zahlen 5-Sterne-Hotel Touristen deutlich mehr als bspw. Camping-Touristen (*Tabelle 3)* (Cantallops 2004). Bereits 2 Jahre nach ihrer Einführung im Jahre 2016 wurde sie nochmals erhöht und die Kreuzfahrttouristen miteingeschlossen, diese müssen nur für den reinen Aufenthalt auf der Insel die Umweltsteuer zahlen, ausgenommen sind Kinder unter 16 Jahren (Bartels 2020).

Tabelle 3: Höhe der Umweltsteuer in Euro aufgegliedert nach Art der Unterkunft pro Übernachtung (Eigene Darstellung 2021, Datengrundlage Feldmeier 2020)

Art der Unterkunft	Hauptsaison	Nebensaison
Fünf-Sterne und Vier-Sterne-Superior-Hotels	4	1
Vier-Sterne und Drei-Sterne-Superior-Hotels	3	0,75
Ein- bis Drei-Sterne-Hotels	2	0,5
Ferienapartments (vier Schlüssel)	4	1
Ferienapartments (ein bis drei Schlüssel)	2	0,5
Ferienhäuser, Fincas, Agrotourismus, Gasthöfe	2	0.5
Pensionen, Herbergen, Berghütten, Campingplätze	1	0,25
Kreuzfahrtschiffe (pro Aufenthalt)	2	0,5

Vor allem im Hotelgewerbe der Balearen stieß gleich zu Beginn der Debatte der Gedanke an die Umweltsteuer auf großen Widerstand. Die Hotelbetreiber/-innen fürchteten, dass dadurch die Gäste sich umorientieren und sich andere Orte im Mittelmeerraum suchen (Bartels 2020). Die Technische Universität Dresden und die University of the Balearic Islands führten 2002 zusammen eine Umfrage auf dem deutschen Touristenmarkt durch (Cantallops 2004). Befragt wurden 8000 Deutsche, die schon einmal auf den Balearen Urlaub gemacht hatten oder gerade Urlaub gebucht hatten (Cantallops 2004). Fast 70% der Befragten gaben an, dass die Umweltsteuer keinen weiteren Einfluss auf ihre Urlaubsplanung hat (Cantallops 2004).

Rund 340 Millionen Euro wurden bis zum Jahr 2019 durch die Umweltsteuer eingenommen, dieses Geld wird dafür verwendet „die negativen Auswirkungen des Tourismus abzufedern" (Bartels 2020). Finanziert werden mit der Umweltsteuer Projekte in den Bereichen Umwelt, nachhaltiger Tourismus, historisches Erbe, Forschung, Ausbildung und Beschäftigung und sozialverträgliche Mieten (Bartels 2020).

Folgende Punkte können der ökologischen Wiederaufwertung und dem Schutz der Umwelt zugerechnet werden:

- Pendelbusse statt Individualverkehr während der Hauptsaison in Naturschutzräumen auf Mallorca
- Kartierung und Instandhaltung von Wasserpflanzen an der Küste (Einrichtung von Schutzzonen ohne Bootverkehr)
- Regulierung der Anzahl der Automobile auf Formentera

- Abwasserbehandlungsanlagen/Kläranlagen zum Beispiel in Port d' Andratx auf Mallorca und Pontinatx auf Ibiza
- Verringerung des Müllproblems an den Küsten durch Anstellung arbeitsloser Einheimischer

Die Umweltsteuer sorgt aber auch für den Erhalt der sozialen Lage oder wird als Entschädigung für die einheimische Bevölkerung eingesetzt:

- Bau und Einrichtung einer Hotelfachschule auf Ibiza für 4,5 Millionen Euro
- Förderung des Baus für Sozialwohnungen – Ausgleich für die gestiegenen Mietpreise
- Wiederaufbau oder Sanierung von historischem Erbe (Stadtmauern, Friedhöfe, etc.), das durch den Tourismus an Über- und Abnutzung leidet

Weitere angestrebte Ziele sind der Ausbau der Infrastruktur für Elektroautomobile bis 2022 und ein Dieselverbot bis 2025 auf den gesamten Balearen (Bartels 2020). Beide Projekte werden ebenfalls durch die Einnahmen aus der Umweltsteuer finanziert.

Kritisch betrachtet werden muss die Umweltsteuer auch hier, denn viele Maßnahmen, wie der Bau von Uferpromenaden, reduzieren nur im geringen Maße den Autoverkehr. Allerdings tragen ausgebaute Strandpromenaden deutlich dazu bei, den Tourismus weiter anzukurbeln und die Einnahmen zu erhöhen. Nachhaltiger Massentourismus kann also nur funktionieren, wenn sowohl die Politik als auch der Tourismusmarkt, inklusive Anbieter und Nachfrager einen nachhaltigen Tourismus befürworten und bereit sind höhere Kosten zu tragen bzw. Preise zu zahlen.

Wenn man nun alle in dieser Arbeit beleuchteten Aspekte betrachtet, kommt man zu dem Schluss, dass es keinen „nachhaltigen Massentourismus" geben kann, auch weil Nachhaltigkeit ein so komplexes Thema ist. Auf dem Foto (*Abbildung 5*Abbildung 5) sieht man ein Modell zur Zielsetzung nachhaltigen Tourismus. Bewertet man nun eine Destination nach diesem Modell fällt auf, dass es fast nicht möglich ist allen Punkten gleichmäßig gerecht zu werden. Dennoch kann und sollte sich bemüht

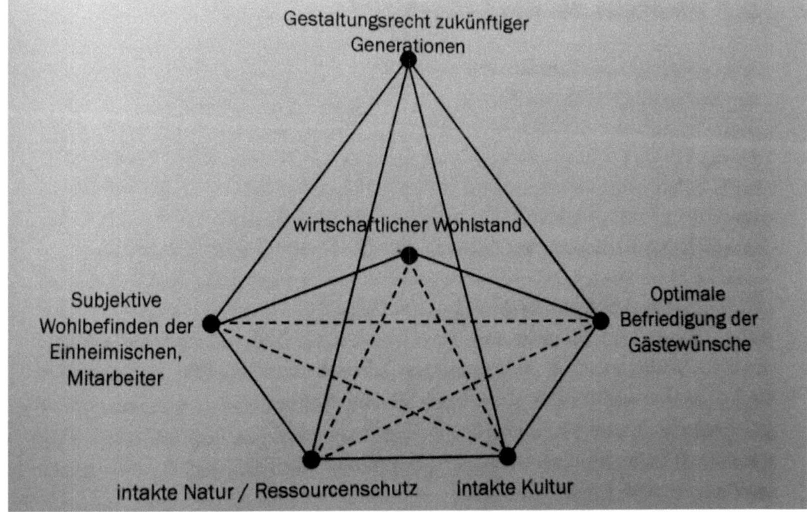

werden, nicht einseitig zu handeln, um eine Lösung für alle Beteiligten des Systems zu finden, die sowohl Natur und Kultur schützt als auch wirtschaftlich tragbar ist und für Touristen attraktiv ist.

Meiner Meinung nach kann es zwar keinen nachhaltigen Massentourismus geben, aber einen an „Nachhaltigkeitskriterien orientierten Massentourismus“. Damit dies funktioniert müssen v.a. drei Parteien zusammenarbeiten, die auch in der bisherigen Arbeit ausführlich beleuchtet wurden. Die Nachfragerseite muss bereit sein kleine Abstriche im Bereich Komfort (Unterkunft, Ausstattung, Auswahl, Mobilität vor Ort, etc.) in Kauf zu nehmen und etwas mehr für die Reise zu zahlen. Kompensieren könnte man Zweiteres durch einen längeren Aufenthalt im Jahr, anstatt mehreren kleineren. Die Anbieterseite sollte sich mehr auf die Interessen der Gäste einlassen und selbst aktiv den Nachhaltigkeitsgedanken im eigenen Betrieb durchsetzen. Zudem können durch neue Technik große Mengen an CO_2 eingespart werden (siehe Absatz 3.2.1). Durch attraktive Angebote vor Ort können Touristenströme kontrolliert und gelenkt werden, wodurch Natur und Kultur geschützt werden. Da sowohl die Nachfragerseite als auch die Anbieterseite negative Konsequenzen durch die Einführung des Nachhaltigkeitsgedankens in ihren Planungen haben können, müssen bestimmte Regeln durch politische Mithilfe aufgestellt werden. Hier sollten auch Kooperationen auf internationaler Ebene stattfinden, um lokale oder nationale Korruptionen zu verhindern.

Die Einführung einer Ökosteuer für Touristen, die dann bspw. für den Erhalt der Natur eingesetzt wird, ist hier allerdings nur ein kleiner Schritt in die richtige Richtung. Beachtet werden müssen u.a. auch die Kapazitätsgrenze des Gebiets, ausreichend Schutzflächen, neuste Technik in Hotels, sowie aktive Investitionen der Hotels in die Region und faire Bezahlung der Arbeitskräfte. Durch digitale Medien können meiner Meinung nach Touristen zudem gut gelenkt werden. Plattformen wie z.B. Airbnb entzerren das Tourismusgeschehen vielerorts. Auch soziale Medien werben für bestimmte Orte innerhalb und außerhalb ihrer Nutzergemeinschaft. So stellte Bayern im Juni 2020 einen sog. „Ausflugs-Ticker“ vor, eine Internetplattform, die den Tourismus in Bayern entzerren und leiten soll (Kveton und Mehlhorn 2020). Auf der Plattform gibt es Hinweise zu Wartezeiten und vollen Parkplätzen, zudem zeigt sie Alternativen an, die weniger bekannt und damit aktuell auch nicht überfüllt sind. Kurzfristige Schließungen, wie z.B. die Schließung einer Schlucht nach einem Starkwetterereignis werden ebenfalls bekannt gegeben und bieten einen zusätzlichen Vorteil für den Nutzer (BAYERN TOURISMUS Marketing GmbH o.J.). Ein integriertes Navigationssystem, das einen direkt an sein geplantes Ausflugsziel führt macht die Nutzung für den Endverbraucher zudem bequemer und erleichtert die plattformeigene Hochrechnung der Auslastung (BAYERN TOURISMUS Marketing GmbH o.J.).

5. Ausblick und Folgen für den Tourismus unter den Folgen der Covid-19-Pandemie

Am 30. Januar 2020 wurde durch Dr. Tedros Adhanom Ghebreyesus, Generaldirektor der Weltgesundheitsorganisation (WHO), eine gesundheitliche Notlage von internationaler Tragweite durch das Covid-19-Virus erklärt. Am 11. März wurde dieser Ausbruch dann offiziell zu einer Pandemie erklärt (WHO 2020). In Europa folgen Ausgangs- und Kontaktbeschränkungen, sowie Reise- oder Einreiseverbote, die bis zum Ende des Jahres 2020 anhielten (MDR 2020). Die Auslastung der Flughäfen liegt im Sommer 2020 bei 10 bis 15% und viele Fluglinien melden Insolvenz an oder können nur aufgrund von Milliardenhilfen weiterhin bestehen (Balser, Flottau 2020). Das Bundesamt der Deutschen Luftverkehrswirtschaft geht aktuell davon aus, dass erst im Jahr 2024 die Auslastung der Flugzeuge/-häfen bei einem Vor-Covid-19-Niveau ist (BDL 2020). In *Abbildung 6* ist der Rückgang der touristischen Ankünfte weltweit gut zu sehen, die meisten Regionen stehen bei nahezu -100% (UNWTO 2020). Das hat massive Auswirkungen vor allem auf touristisch geprägte Regionen. Auf den Balearen kommt es laut dem Ökonom Professor Antoni Riera durch die Schließungen der Hotels und Gastronomiebetriebe zu einem Verlust von 1,4 Milliarden Euro (Stand August) (Merkur 2020). Laut Hochrechnungen sind 400.000 Menschen (80% aller Arbeitnehmer auf den Balearen) auf staatliche Hilfe angewiesen (Merkur 2020).

2020 | 2021

Click on a region or a month to visualize results in the graphs

Region	Jan	Feb	Mar	Apr	May	Jun	Jul	Aug	Sep	Oct	Nov	Dec	**YTD**
Africa	**0**	**-1**	**-36**	-90	-90	-91	-89	-85	-84	-83	-82	-80	**-70**
North Africa	4	3	-57	-97	-99	-98	-93	-89	-88	-90	-91	-85	**-78**
Subsaharan Africa	-1	-4	-26	-86	-85	-85	-84	-83	-82	-79	-78	-78	**-64**
Americas	**0**	**3**	**-50**	-94	-93	-92	-88	-87	-83	-80	-78	-71	**-69**
Caribbean	-6	-2	-58	-99	-98	-93	-80	-81	-81	-77	-76	-70	**-67**
Central America	-3	7	-55	-97	-99	-99	-99	-99	-99	-97	-92	-87	**-74**
North America	4	4	-45	-91	-90	-90	-87	-86	-79	-76	-72	-64	**-67**
South America	-5	3	-59	-99	-100	-99	-98	-98	-98	-95	-95	-91	**-73**
Asia and the Pacific	**-9**	-54	-82	-98	-99	-98	-95	-95	-96	-96	-95	-95	**-84**
North-East Asia	-19	-80	-94	-99	-99	-98	-97	-96	-94	-93	-93	-93	**-88**
Oceania	6	-20	-60	-99	-99	-99	-99	-99	-98	-98	-98	-99	**-79**
South Asia	-15	-26	-73	-99	-99	-95	-75	-75	-95	-97	-93	-92	**-77**
South-East Asia	2	-37	-71	-95	-98	-98	-98	-98	-98	-98	-98	-98	**-82**
Europe	**5**	**2**	**-61**	-98	-96	-88	-71	-67	-72	-77	-87	-85	**-71**
Central/Eastern Europe	-2	-5	-44	-98	-97	-91	-77	-77	-79	-81	-83	-80	**-72**
Northern Europe	5	4	-57	-97	-96	-93	-83	-79	-82	-84	-91	-93	**-75**
Southern/Medit. Europe	6	1	-69	-97	-96	-89	-73	-66	-69	-73	-86	-83	**-72**
Western Europe	8	6	-64	-98	-96	-83	-60	-58	-67	-79	-91	-88	**-67**
Middle East	**6**	**-1**	-68	-99	-99	-99	-94	-93	-91	-88	-87	-90	**-76**
Middle East	6	-1	-68	-99	-99	-99	-94	-93	-91	-88	-87	-90	**-76**
World	**-1**	**-16**	**-64**	**-97**	**-96**	**-91**	**-80**	**-77**	**-79**	**-83**	**-88**	**-85**	**-74**

Abbildung 6: Internationale touristische Ankünfte im Jahr 2020 in Prozent (UNWTO 2020)

Meiner Meinung nach fördert die Covid-19-Pandemie eine Tendenz hin zum nachhaltigen Tourismus, hin zu kleinen und privaten Unterkünften und Naturtourismus, weg von Massenunterkünften und dem Ferntourismus. Die Europäische Kommission spricht von einer Chance durch die Krise „die Tourismusbranche widerstandsfähiger zu machen, den ökologischen und digitalen Wandel des Tourismus in der EU unter Wahrung der Stellung Europas als führendes Reiseziel zu stärken" (Europäische Kommission 2020). Zudem wird die Krise als Anstoß für Regierungen gesehen, dass es schwerwiegende Folgen haben kann, wenn sich ein Land oder eine Region ausschließlich auf den Wirtschaftszweig Tourismus verlässt (Neuroth 2020).

6. Literaturverzeichnis

Balser M., Flottau J. (2020): Flugbranche hofft auf weitere Milliardenhilfe. URL: https://www.sueddeutsche.de/wirtschaft/luftverkehr-corona-flughaefen-staatshilfen-1.5103808 (07.04.2021)

BAYERN TOURISMUS Marketing GmbH / Ausflugsticker-Bayern. URL: https://www.bayern.by (12.03.2021)

Bedeutung der Tourismusbranche in Europa / Europäische Kommission (2020). URL: https://ec.europa.eu/info/live-work-travel-eu/coronavirus-response/travel-during-coronavirus-pandemic/eu-helps-reboot-europes-tourism_de (07.04.2021)

Bericht zur Lage der Branche / Bundesverband der Deutschen Luftverkehrswirtschaft (2020). URL: https://www.bdl.aero/de/publikation/bericht-zur-lage-der-branche/ (07.04.2021)

Breidenbach, R. (2002): Freizeitwirtschaft und Tourismus. Wiesbaden

Cantallops, A. S. (2004): Policies Supporting Sustainable Tourism Development in the Balearic Islands: The Ecotax. University of the Balearic Islands
Bartels, T. (2020): Wohin Mallorcas Ökosteuer-Millionen fließen. URL: https://www.stern.de/reise/europa/wohin-mallorcas-oekosteuer-millionen-fliessen_9099870-9099666.html (07.04.2021)

Die Chronik der Corona-Krise / MDR aktuell (2020). URL: https://www.mdr.de/nachrichten/politik/corona-chronik-chronologie-coronavirus-100.html#sprung0 (07.04.2021)

Energiemanagement in der Hotellerie und Gastronomie. Leitfaden /Wirtschaftskammer Österreich (WKO) und Bundesministerium für Wissenschaft, Forschung und Wirtschaft (bmwfw) (Hrsg.) (2015) 3. Aufl. Wien

Feldmeier, F. (2020): Touristensteuer auf Mallorca 2020 – Tarife, Rabatte, Verwendung. URL: https://www.mallorcazeitung.es/lokales/2020/01/04/touristensteuer-mallorca-2020/73439.html (07.04.2021)

Freyer, W. (2011): Tourismus. Einführung in die Fremdenverkehrsökonomie. 10., überarb. und akt. Aufl. München

International Tourism Highlights / UNWTO (2019). Madrid

Kagermeier, A. (2020): Tourismus in Wirtschaft, Gesellschaft, Raum und Umwelt. 2, überarb. und erw. Aufl. München

Kopp J., Steinbach A. (Hrsg.) (2016): Grundbegriffe der Soziologie. Wiesbaden

Kveton, P. und Mehlhorn, M. (2020): Ausflugs-Ticker für ganz Bayern soll Tourismus entzerren. URL: https://www.br.de/nachrichten/bayern/ausflugs-ticker-fuer-ganz-bayern-soll-tourismus-entzerren,S50a58U (07.04.2021)

Massentourismus / Bibliographisches Institut GmbH (2021). URL: https://www.duden.de/node/94427/revision/94463 (07.04.2021)

Millionenschaden auf Mallorca – Wird die Insel die Corona-Krise überstehen? / Merkur (2020). URL: https://www.merkur.de/reise/millionenschaden-mallorca-wird-insel-corona-krise-ueber-stehen-zr-13642142.html (07.04.2021)

Neuroth, O. (2020): Ich habe keine Einkünfte mehr. URL: https://www.tagesschau.de/ausland/corona-virus-mallorca-tourismus-101.html (07.04.2021)

Our Common Future (Brundtland Report) / United Nations World Commission on Environment and Development (1987). Oxford.

Pandemie der Coronavirus-Krankheit (COVID-19) / Weltgesundheitsorganisation (WHO) (o.J.). URL: https://www.euro.who.int/de/health-topics/health-emergencies/coronavirus-covid-19/novel-coronavirus-2019-ncov (07.04.2021)

Quint, N. (2021): Wir lieben die Welt und reisen sie doch in den Tod. Nürnberger Nachrichten 02/03.01.2021: 3. Nürnberg

Rein, H. und Stardas, W. (2017): Nachhaltiger Tourismus. Konstanz

Revermann C., Petermann T. (2003): Tourismus in Großschutzgebieten. Impulse für nachhaltige Regionalentwicklung. Berlin

Tourism Recovery Tracker / UNWTO (2020). URL: https://www.unwto.org/unwto-tourism-recovery-tracker (07.04.2021)

Tourismus für acht Prozent des Treibhausgasausstoßes verantwortlich / Zeit Online (2018). URL: https://www.zeit.de/gesellschaft/zeitgeschehen/2018-05/klima-tourismus-acht-prozent-treibhausgasausstosses (07.04.2021)